不可思议的**发明**

蒸汽发动机

[加] 莫妮卡·库林 / 著　　[加] 比尔·斯莱文 / 绘　　简严 / 译

人民东方出版传媒
People's Oriental Publishing & Media
东方出版社
The Oriental Press

图书在版编目（CIP）数据

不可思议的发明. 蒸汽发动机 / (加) 莫妮卡·库林著 ; (加) 比尔·斯莱文绘 ; 简严译 .
— 北京：东方出版社 , 2024.8
书名原文：Great Ideas
ISBN 978-7-5207-3664-0

Ⅰ . 不⋯ Ⅱ .①莫⋯ ②比⋯ ③简⋯ Ⅲ .①创造发明—儿童读物 Ⅳ .① N19-49

中国国家版本馆 CIP 数据核字 (2023) 第 213170 号

This translation published by arrangement with Tundra Books,
a division of Penguin Random House Canada Limited.

中文简体字版专有权属东方出版社
著作权合同登记号　图字：01-2023-4891

不可思议的发明：蒸汽发动机
（ BUKESIYI DE FAMING：ZHENGQI FADONGJI ）

作　　者：［加］莫妮卡·库林　著
　　　　　［加］比尔·斯莱文　绘
译　　者：简　严
责任编辑：赵　琳
封面设计：智　勇
内文排版：尚春苓
出　　版：东方出版社
发　　行：人民东方出版传媒有限公司
地　　址：北京市东城区朝阳门内大街 166 号
邮　　编：100010
印　　刷：大厂回族自治县德诚印务有限公司
版　　次：2024 年 8 月第 1 版
印　　次：2024 年 8 月第 1 次印刷
开　　本：889 毫米 ×1194 毫米　1/16
印　　张：2
字　　数：23 千字
书　　号：ISBN 978-7-5207-3664-0
定　　价：158.00 元（全 9 册）
发行电话：（010）85924663　85924644　85924641

上车啦

我们的列车员　　　　　　火车在深夜偷偷前行
又在把那歌儿低声唱　　　一会儿躲，一会儿藏
她用歌声告诉我们　　　　我们祈祷不被发现
时间已到　　　　　　　　上了这趟火车
赶紧把车上　　　　　　　我们可能把命都搭上

我们搭乘的火车　　　　　沿途的一个个车站
将驶离原来的轨道　　　　把我们带往全新的彼岸
我们会一路向北　　　　　渴望自由的人们啊
从此不复返　　　　　　　快快把车上
我们急急地上车
化恐惧为勇敢

1

在安大略省的科尔切斯特，夏天是割草的季节。伊利亚·麦考伊在一旁看着父亲割草，他一心巴望着机器出故障。割草机一出故障，他就高兴得跳起来。尽管伊利亚只有6岁，但他已经很会摆弄工具了。

2

伊利亚·麦考伊出生于1844年。在他出生前几年，他的父母在地下铁路组织的帮助下逃到了加拿大。他们不怎么爱谈论当奴隶的日子，毕竟伊利亚和他的11个兄弟姐妹，已经够父母忙个不停了。

　　伊利亚的父母省吃俭用，努力攒钱送伊利亚上学。16岁时，伊利亚横渡大西洋去英国苏格兰求学。他有个梦想——成为机械工程师，这样就能经常和机器打交道了。

1866 年，伊利亚在苏格兰完成了学业。此时，他的家人已搬到美国密歇根州。一天，一列火车载着伊利亚驶进密歇根火车站。伊利亚突然冒出个想法：他打算在密歇根当个工程师！

于是伊利亚去密歇根中央铁路公司找工作。

"当工程师是需要学习的。"老板根本瞧不起伊利亚，他说，"如果你真的想干，我这里有加煤的活儿，倒是不难：把煤铲进去，再给车加润滑油。"

"抱歉，您说什么？"伊利亚疑惑地问。

"就是你负责把煤铲进炉膛里。"老板慢悠悠地回答，"你还得负责给车轮和轴承加润滑油。这个活儿不难。"

太让人失望了！伊利亚对发动机了如指掌，他知道怎么设计发动机，也懂得如何制造发动机。当然他更清楚老板瞧不起他的原因——他是个黑人。无奈的是，伊利亚需要工作，因此他只能接受了这份工作。

　　蒸汽火车头行驶起来就像头喷火的怪物。当火车头蒸汽滚滚时，它比四轮马车跑得还快，人们叫它"铁马"！

往炉膛里加煤这活儿又热又累，还让人紧张不安。火把水烧开，开水产生蒸汽，蒸汽使机器运转。假如火烧得太旺，锅炉可能会爆炸。但要是火力不够，火车连个小小的坡也爬不上去，甚至根本没法开动。

伊利亚穿着旧衣服去干活，因为加煤的活儿实在是太脏了！工作没多久，伊利亚就变得灰头土脸的。

　　有个男孩趴在火车底下，他浑身上下散发着油味儿。

　　"他是你的'油猴儿'。"老板告诉伊利亚，"你够不到的地方，由他来加润滑油。"

　　"油猴儿"一天只挣几分钱，晚上就睡在火车脏乱的地板上。这项工作很危险，加油的男孩们经常受伤，甚至丧命。

　　应该想个更安全的方法来加润滑油，伊利亚寻思着。

伊利亚一个劲儿地往火炉里加煤，脸上汗如雨下，手掌肿得生疼。烧热锅炉里的水需要时间。在伊利亚加煤时，他的"油猴儿"就蹿来蹿去地加润滑油。火车终于能量满满，准备开动了。

蒸汽发动机咆哮着，烟囱里冒出一团团浓烟。车轮"咔嗒咔嗒"作响，火车接下来能"嘎嚓嘎嚓"地缓慢行驶大约半小时。"嘎嚓！嘎嚓！嘎嚓！"火车徐徐开动。

突然"嘶"的一声，火车停了下来。"油猴儿"跳下车，钻到车轮底下。伊利亚拎着油壶也跳下车。车上的乘客坐在原处不动，他们只能耐心地慢慢等。

“各位请上车！”列车员喊道。

润滑油加好了，火车准备出发。

“嘎嚓！嘎嚓！嘎嚓！”

乘客们看着窗外不断远去的农场，吃着，聊着，笑着。

半小时后，火车又发出"嘶"的一声。

又该加润滑油了。

什么鬼工作！一会儿加煤，一会儿添油，伊利亚烦透了这份工作。

火车的金属零件需要润滑油才能正常运行。没有油的润滑，零件会相互摩擦，逐渐磨损，如果磨损严重，火车就会停下来。

　　有一天铲煤时，伊利亚灵光一闪：能发明一个在火车行驶时可以自动给发动机加润滑油的油罐吗？于是每天下班后，伊利亚就在纸上画个不停。终于，他完成了油罐的设计图。

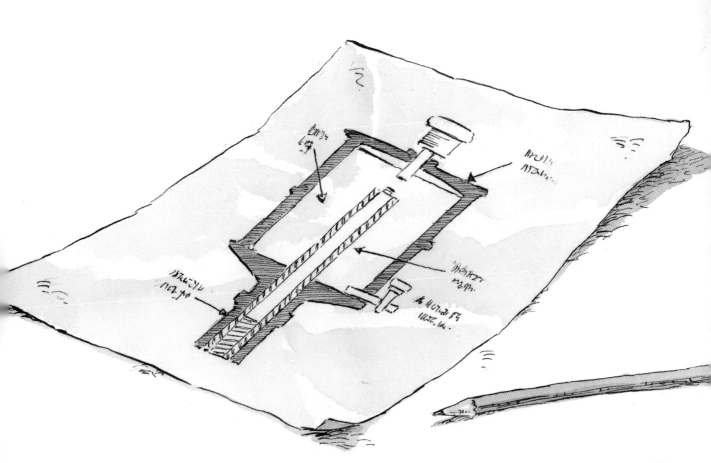

伊利亚花了两年时间才做好自动润滑油罐的模型。1872年，他申请了专利来保护这项发明。然后，他带着润滑油罐去上班了。

　　"这里有个洞让油滴出来。"伊利亚告诉老板，"它只在需要润滑的时候才滴油，而且只会滴在需要润滑的地方。它的使用非常简单，为什么不试一试呢？"

　　出人意料的是，老板同意了。伊利亚把油罐装在发动机上。

　　"只在开往卡拉马祖的这一趟车上试用。"老板粗声补充道。

火车轰鸣着开往密歇根州的卡拉马祖。蒸汽发动机咆哮着，烟囱里冒出滚滚浓烟，车轮"咔嗒咔嗒"作响。火车接下来将"嘎嚓嘎嚓"地缓慢行驶半小时。嘎嚓！嘎嚓！嘎嚓！

大家都好奇火车什么时候会停下来。出乎意料的是，半小时后火车没有停，它"嘎嚓嘎嚓"地又行驶了半小时，仍然没有停。然后又过了半小时。

伊利亚·麦考伊的自动润滑油罐试用成功了！它在火车行驶时给发动机成功加了润滑油。火车到达卡拉马祖的时间，创造了最快的行驶纪录。"油猴儿"安全了，伊利亚心里美滋滋的。

伊利亚·麦考伊的自动润滑油罐能让火车跑得更快更安全。伊利亚一辈子都在从事与发动机相关的发明事业，他始终追逐着自己的梦想。伊利亚步入暮年后，他激励孩子们要好好学习，勇于追逐自己的梦想。

29

如假包换的真品！

你可曾听过有人说他们想要"真正的麦考伊"？那意味着他们想要真品，而不是冒牌货或替代品。有别的发明家抄袭伊利亚·麦考伊的润滑油罐，但是他们的油罐使用效果并不理想。工程师要想买最好的润滑油罐，就会声明他们要真正的麦考伊油罐。

伊利亚·麦考伊只是昙花一现吗？绝对不是。他堪称发明史上的奇迹，一生共获得了57项发明专利，在黑人发明家中首屈一指。他的大多数发明都与发动机有关。此外，他还发明了便携式熨衣板、草地洒水器，甚至更好的橡胶鞋跟。想要最好的品质？那就买"真正的麦考伊"吧！